超有趣的动物之最
穿越时空的对决

马来西亚X探险特工故事团 ◎ 著
马来西亚热血同盟 ◎ 绘

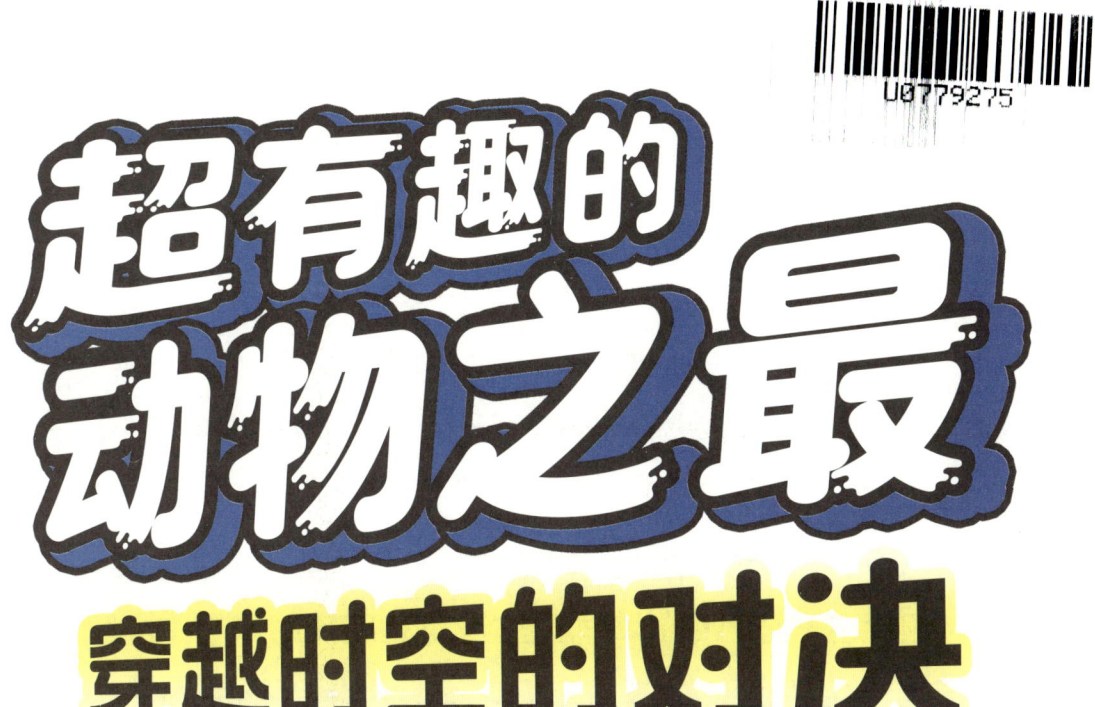

石油工业出版社

前　言

　　你是否想象过健硕的非洲象与拥有超大体形的腕龙决斗的情景呢?

　　当恐怖的异特龙遇上现代森林之王东北虎,谁将胜出呢?

　　如果白垩纪时期的海洋霸主沧龙和现代海洋霸主虎鲸能够在同一个舞台上相遇,它们之间会发生怎样惊心动魄的对抗?

　　这些对决在现实中绝不可能发生,但漫画有着无限的可能,本书就是在这样的背景下诞生!

　　本书以穿越时空的对决为主题,X探险特工队的两个团队将分别代表史前动物与现代动物,首度实现跨时空的最强动物对决。通过精彩有趣的漫画内容,读者除了能认识不同的动物外,也能看到这些动物们在猎食或遇到威胁时的各种应对手法,充分体会到大自然中优胜劣汰的残酷与事实。

　　另外,漫画各章节之间也附有相关动物百科,以通俗易懂的文字和精彩纷呈的图片解说,让小读者对动物们有了更深一层的了解。

　　"超有趣的动物之最"系列不仅是一场知识的盛宴,更是一次心灵的触动。它让我们在欢笑与惊叹中,重新审视这个多彩多姿的地球家园,学会尊重每一个生命,珍惜这份来之不易的共生关系。

曾经称霸地球的史前动物，碰上已演化出各种优势的现代动物，究竟谁能在决斗中占上风呢？让我们一同翻开这本书，踏上这场充满惊喜与挑战的探索之旅吧！

人物介绍

达文西博士
星球科学研究院教授。学问渊博、喜爱冒险，但生性懒散。

达尔文博士
生物学界的权威，学识渊博，有着与年纪毫不相称的壮硕身材。为人严厉、豪迈，很重视Ｘ探险特工队的纪律。

艾美丽
聪明且爱美，反应敏捷，是位个性很酷的女生，也是位电脑高手。

万能分析器
达尔文博士的发明，能即时记录和分析周遭环境、气候和生物等，并可连接到基地的电脑查找资料。

石头
诚实可靠，且对维修机器非常在行，食量大，对昆虫痴迷。

小尚
分析力强且聪明冷静，弱点是害怕昆虫。

小宇
好奇心重，性格冲动，但拥有百折不挠的精神。

小S
博士发明的小机器人。有扫描、分析、记录、摄影、通信等功能。外形百变，是能储存大量资料的超级微型电脑。

大勇
人如其名，勇敢、满腔热血，喜欢跟动物相处。缺点是做事过于粗心，往往因此令自己和伙伴陷入危机。

阿宝
平时是个懒散、骄傲、好胜的人，爱跟大勇斗嘴，但在出现危机时，却是一个值得信赖的伙伴。

土土
非洲土著人，对周遭环境的变化有着过人的洞察力，且动作敏捷，在对付动物方面很有一套。

大森
从小跟人猿在热带雨林里一起生活，食量很大，拥有跟动物沟通的能力，但却不太会说人类的语言。

柔柔
勤奋、好学、关爱他人，愿望是成为一名出色的兽医，常要负责调解大勇和阿宝之间的纠纷。

豆丁
个子小，胆子更小，不过非常聪明，只要是跟动物有关的知识，几乎无所不知。

目 录

第一章	三角龙 vs 高卡萨斯南洋大兜虫	001
第二章	异特龙 vs 东北虎	019
第三章	腕龙 vs 非洲象	037
第四章	美颌龙 vs 猎豹	055
第五章	风神翼龙 vs 雕鸮	073
第六章	沧龙 vs 虎鲸	091
第七章	肿头龙 vs 鳞角腹足蜗牛	109
第八章	泰坦蟒 vs 斗鸡	127

＊漫画情节纯属虚构，书中的生物体形是根据剧情所需而设计的，并不代表实际大小。

第一章
三角龙 VS 高卡萨斯南洋大兜虫

到底要我说多少次？！

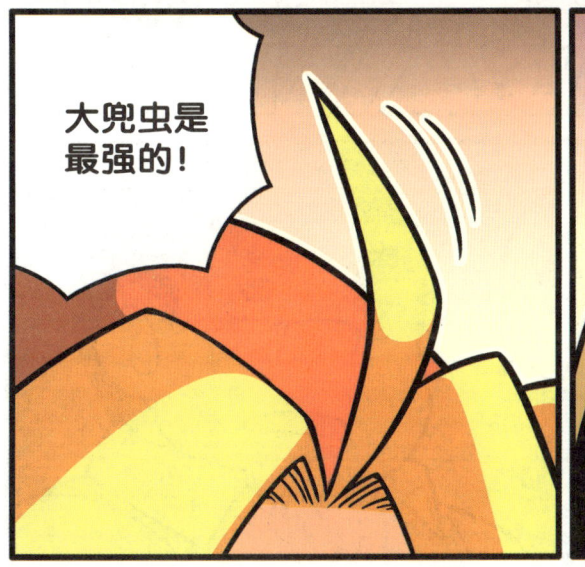

大兜虫是最强的！

才不是，三角龙更强！

我们擅自使用三维立体投射平台真的可以吗?

只有分出胜负才能让他们停止争吵。

大兜虫,去让对手看看你到底有多强!

三角龙才不会怕你呢!

这场景让我想起当时在巨虫岛是多么危险。

虫汁……好喝！

咕噜……

你还敢说，当时你的脚被咬伤，只有我们在冒险！

哼，这有什么了不起！三角龙生活的白垩纪晚期可比这危险多了。

跟我们的经历相比，你们的经历根本不值一提！

他们在回忆过去，才没有和你比。

食物！

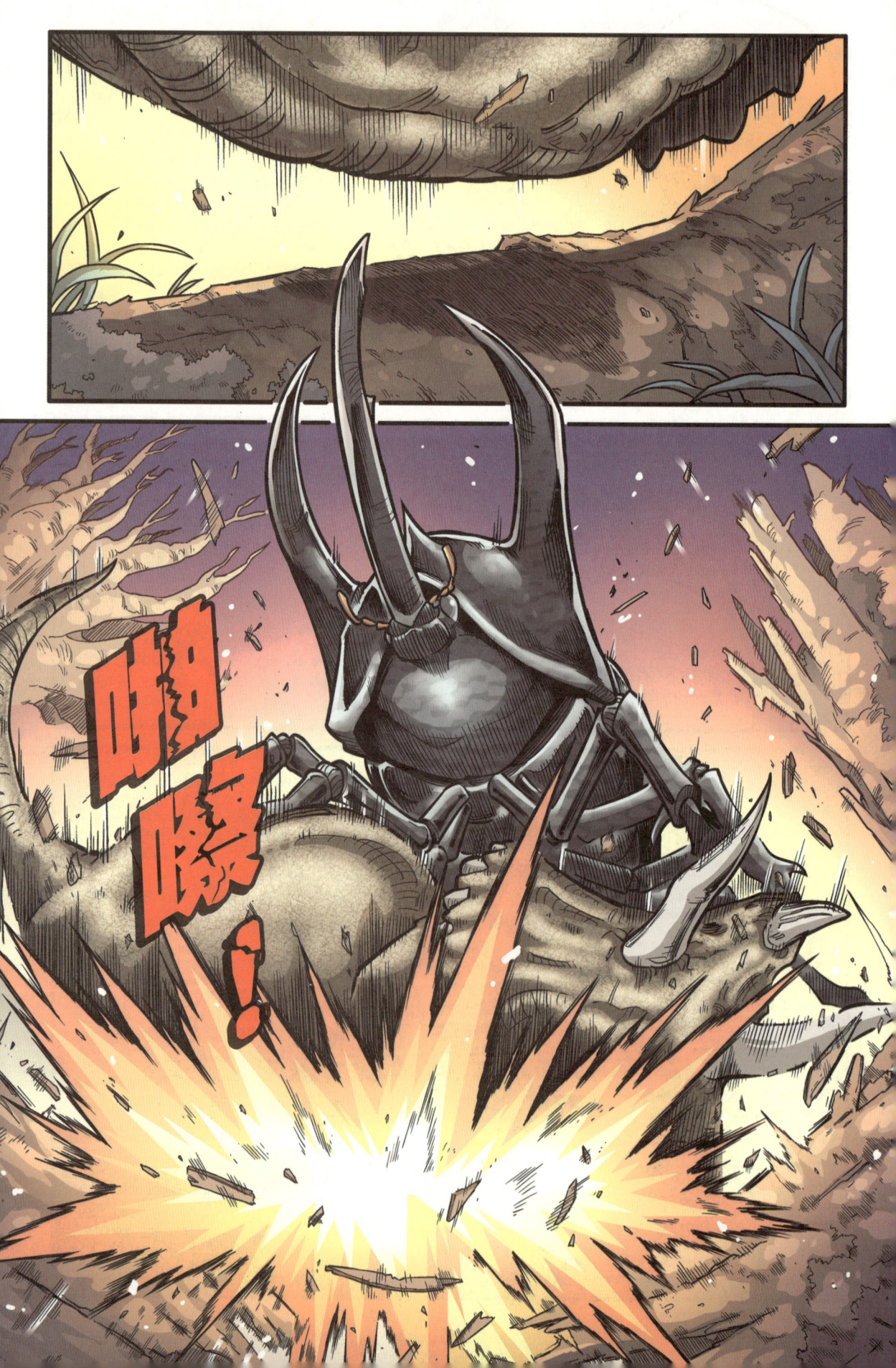

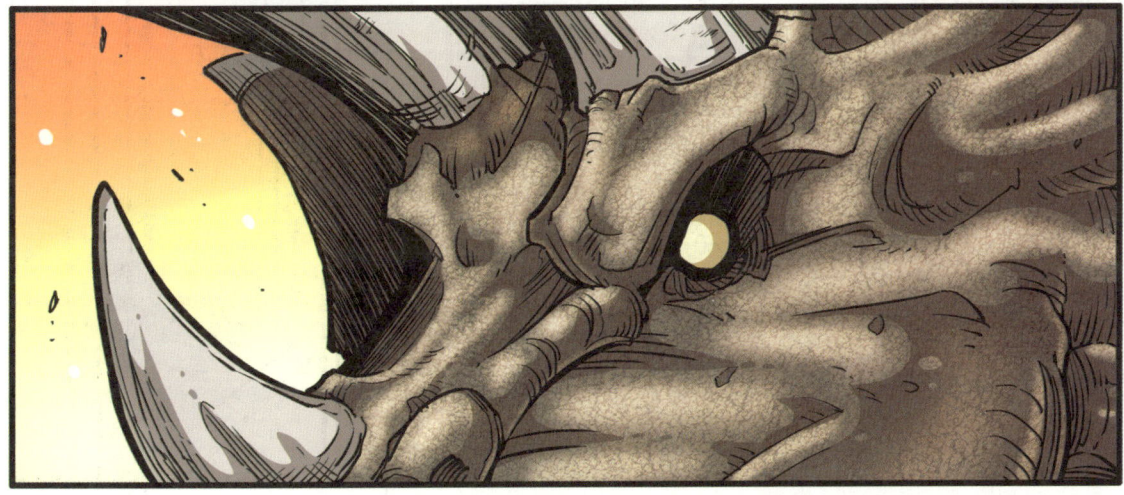

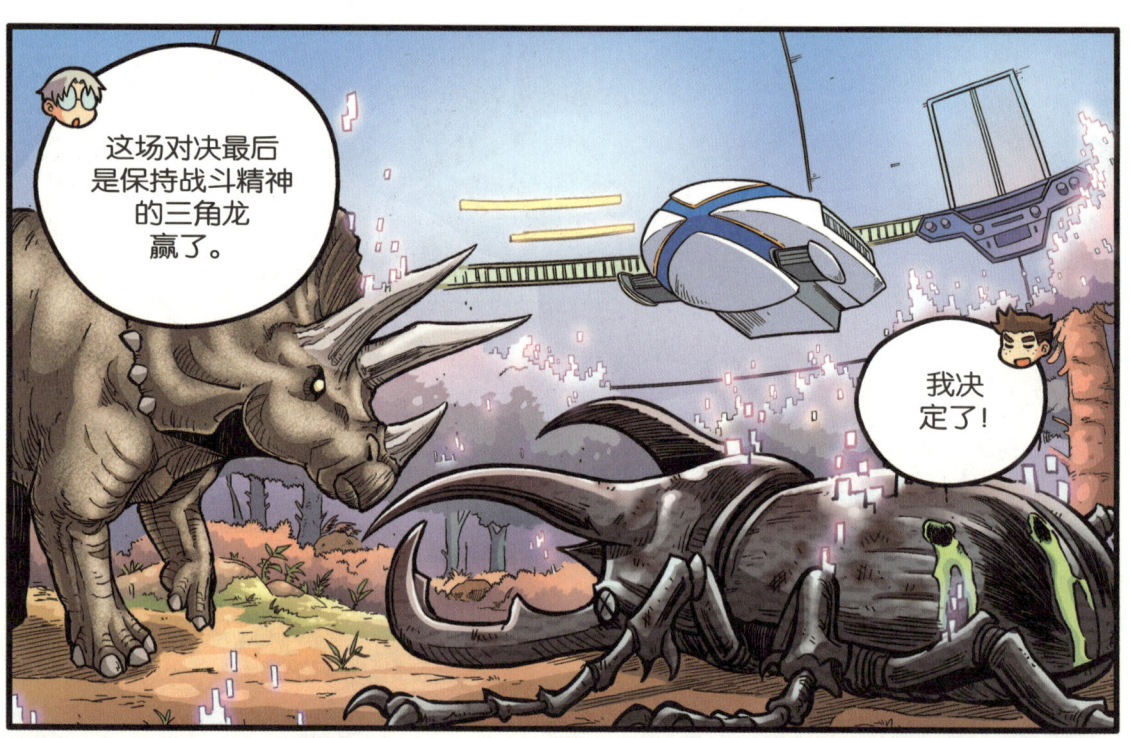

三角龙百科

三角龙最初被误认为北美野牛？

最早被命名的三角龙化石于1887年出土，由一个头颅骨顶部与附着在上面的一对额角所构成。不过，当时鉴定该化石的美国古生物学家马什起初认为这是一种有着长角的巨型北美野牛，直到更多完整的头颅骨化石出土后，他才发现原来这是一种新的角龙类恐龙，并将其命名为三角龙。目前已确定的三角龙共有两种——褶皱三角龙和前突三角龙，两者的差异在于后者的鼻角有一个勾起来的弧度且相对较长。

三角龙的额角是用来攻击的吗？

长长的额角和宽大的头盾是三角龙最显著的特征，尽管看上去杀伤力十足，但生性温和的三角龙甚少将它们作为武器。一般认为只有在受到致命的威胁时，三角龙才会用额角来抵御敌人。它们的头盾可能是鲜艳多彩的，除了保护肩部和颈部，三角龙会在求偶时用头盾吸引异性的注意。

三角龙曾是数量最多的大型恐龙？

三角龙出现于6800万年前的白垩纪晚期，是最晚进化出来的恐龙之一。约9米长的壮硕体形和坚实的头部，使得三角龙除了同时期的霸王龙外，几乎没有天敌。在遇到威胁时，三角龙一般会选择逃跑，很少正面对抗，这也大大增加了其存活率。据估计，当时在北美大陆上约80%的大型恐龙都是三角龙。值得一提的是，大部分三角龙化石都是单独的个体，这意味着它们很可能并非群居动物。

兜虫百科

命名源自希腊神话的兜虫？

兜虫，也称犀金龟，由于外形勇武霸气，许多种类的兜虫都是以希腊神话中的神明或人物来命名的，如阿特拉斯南洋大兜虫（擎天神阿特拉斯）、海神大兜虫（海神波塞冬）、赫拉克勒斯长戟大兜虫（大力神赫拉克勒斯）和战神象兜虫（战神马尔斯）等。

兜虫身上的金属光泽

许多兜虫的身上都是闪闪发亮的，如雄性高卡萨斯南洋大兜虫的外骨骼，泛着一层绿色或紫色的金属光泽，翅鞘上尤为明显。不过这并非由色素形成，而是兜虫外骨骼上的细微结构会让不同波长的光发生反射和折射等，进而产生金属般的光泽。一般认为这有利于雄性兜虫在野外环境中将求偶讯息传递到远方，此外也有可能是其伪装色。

甲虫文化

日本是饲养甲虫最盛行的国家之一，如独角仙、锹形虫等都是很受欢迎的饲养品种，并由此发展出了独特的甲虫文化。而甲虫极具观赏性和容易饲养的特点，也让这股风潮蔓延到世界各地。然而大量的捕捉，造成许多品种的甲虫野生数量急剧下降，同时，一些外来甲虫也因人为丢失、弃养等，成为入侵物种，给新环境带来了严重的生态问题。

第二章

异特龙 VS 东北虎

战斗开始!

异特龙竟然先发制人,用头撞击敌方?!

因为异特龙的头部粗壮,足以承受高能量的撞击。

赢定了!

加上东北虎本来就不擅长主动攻击。

卑鄙！竟然攻击眼睛！

这叫战略，好戏还在后头！

想不到东北虎会利用地形作战！

放心，异特龙也不是省油的灯。

异特龙百科

异特龙不断脱落和生长的牙齿

异特龙有数十颗具有锯齿状边缘并向后弯曲的牙齿。与其他恐龙一样,异特龙的牙齿也是终生生长的同型齿(同样形态和功能的牙齿),当牙齿脱落或折断后,就会"换牙"——生长出新牙来替代旧牙。不同种类的恐龙有着不同的换牙周期,目前已知换牙周期最短的恐龙是尼日尔龙,仅需14天就能长出新牙,而异特龙的换牙周期需约100天。

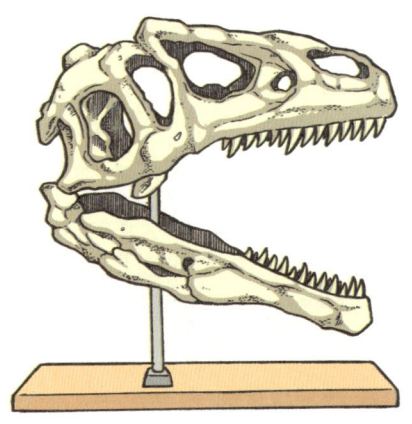

异特龙的角冠及其功能

异特龙双眼上方各有一个由泪骨延伸部分组成的角冠,形似眉骨,是异特龙最显著的外形特征之一。根据古生物学家的研究,异特龙的角冠主要功能在于为双眼遮挡阳光、用于展示或者用作武器与其他异特龙搏斗。

最完整的恐龙化石之一——"大艾尔"

1991年,一支古生物考察队在美国的怀俄明州挖掘出一具生活在1.45亿年前、体长约8米、完整度高达百分之九十五的亚成年异特龙化石,并将其命名为"大艾尔"。之后古生物学家对大艾尔进行了全面的研究,发现它身上的19块骨头出现骨折、感染、骨髓炎的情况,并以此推测大艾尔可能是因为右脚伤势恶化,导致它失去了行动和猎食能力而活活饿死。

东北虎百科

体形最大的猫科动物

东北虎,又称西伯利亚虎,主要分布于俄罗斯东南部、中国东北部和朝鲜等地,是现存的六大老虎亚种(东北虎、华南虎、马来虎、孟加拉虎、苏门答腊虎、印度支那虎)中,体形最大的亚种,也被普遍认为是世界上最大的猫科动物。成年东北虎(雄性)体长约2.3米,平均体重为250千克,动作敏捷,善于游泳,主要猎食野生有蹄类动物(马鹿、梅花鹿、野猪等),有时还会猎食黑熊和棕熊等。

独一无二的条纹

跟人类的指纹一样,每只老虎身上的条纹都不尽相同,对人类而言,这些条纹具有个体识别的作用。虽然从直观上来看,老虎的条纹是显现在毛发上的,但其实在毛发之下,它们的皮肤表面也具有与毛发相对应的条纹。另外,东北虎额头上大多有数条横向条纹,并且中间常被纵向条纹串通,整体看来极似"王"字,所以东北虎(连同其他亚种)又被人们冠上"百兽之王""丛林之王"的美誉。

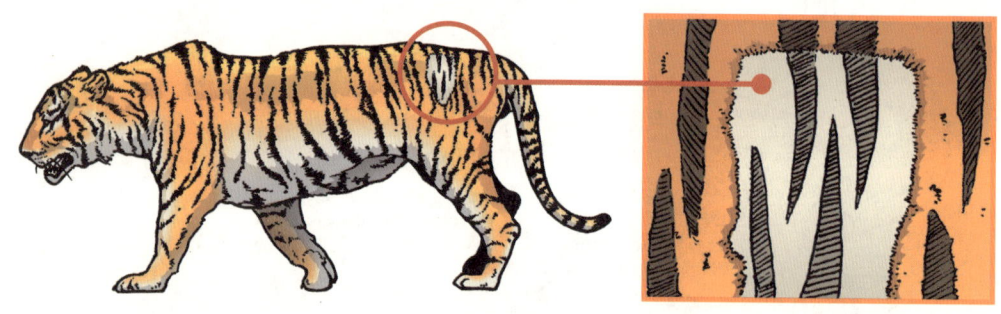

一般哺乳动物所看见的画面　　人类所看见的画面

为什么老虎的伪装色是显眼的橙黄色?

老虎的颜色对人类来说很显眼,但在绿色的森林中,却能起到很好的伪装作用,这是因为老虎的猎物——哺乳类动物大多是二色视觉动物,只能看见蓝色与绿色,而无法识别出其他颜色。因此,纵然老虎有一身鲜艳的橙黄色,但在其他动物看来,它们身上的颜色与周围的绿色植物无异。而老虎就是利用这一点,依靠自身的橙黄色皮毛进行伪装来伏击猎物。

第三章

腕龙 VS 非洲象

腕龙百科

腕龙不会游泳

腕龙的鼻孔位于头部的顶端，而这一度导致古生物学家认为腕龙会游泳，甚至能够生活在水里。作为陆生恐龙，腕龙主要是依靠肺部呼吸的。若身处深水区，它的肺部将承受不了水压，加上庞大的身躯也让它无法稳定地漂浮着。不过有学者认为，腕龙会泡在浅水区里降温，或是躲避敌人的追捕。

强而有力的心脏

腕龙拥有一个巨大且强壮的心脏，可以将血液输遍它庞大的身躯，还能让血液沿着颈椎直达大脑。科学家曾根据其化石进行推算，估计它的心脏有两吨至三吨重。还有科学家猜测，腕龙可能有着多个心脏来维系如此完善的血液循环系统，以此让身体能够灵活地行动。

为什么腕龙的前肢比后肢长？

相较于后肢，腕龙的前肢更长。据悉，这是为了支撑它那长长的颈部，以维持整体的平衡。有学者认为，遇到敌人时，腕龙会抬起前肢，利用自身的重量踩踏对方，为了吃到位于高处的树叶，它还能通过抬起前肢来增加自身的高度。然而也有学者就腕龙的体形与重量，质疑它是否有能力抬起前肢，维持仅靠后脚站立的姿势。

非洲象百科

自备"散热器"的非洲象

作为陆地上最大的哺乳动物,非洲象因日常代谢所产生的热能及生活在气候炎热的地方,从而具备一些独特的生理结构来让身体降温。它们的耳朵大又薄,并布满血管,只需来回拍打便能调节体温。此外,非洲象皮肤上的褶皱增加了皮肤整体的表面积,锁住水分的同时也更容易散发热能。

多功能的象鼻

非洲象的鼻子有多达四万块的肌肉组织,除了呼吸和饮水外,还能折树枝、剥树皮,甚至举起重达300千克的物体。它们的鼻端十分灵活,还有两个类似"小手指"的特殊构造,能够轻易拎起香蕉等小物件。此外,非洲象也通过鼻子与同类沟通及表达情绪。当它们处于警惕的状态时,会将鼻子高高抬起。而小象一般也会吸吮鼻子,就像婴儿吸手指一样,以获得安全感。

大象墓地的传说是真的吗?

相传,年老或病重的大象会默默脱离象群,来到神圣的大象墓地中,伴随同类的遗骨等待死亡的降临。对此,动物学家与相关学者均否认大象墓地的存在。他们认为之所以出现成群的大象尸骨,其中一个原因是盗取象牙的偷猎者会集中杀死很多大象,另一种可能是,很多年老的大象因牙口不好,更喜欢吃柔软的食物,而水边的植物更加嫩绿和柔软,所以老年象常聚集在有水的地方,并在那里死去,抑或是象群因缺乏食物而大量饿死。历史上也曾有记载,象群因天灾来不及逃生而集体死亡的事件。

第四章

美颌龙 VS 猎豹

为什么美颌龙完全被压制住了呢?

相反,美颌龙会合作进行群体狩猎,向落单或受伤的动物出击。

没有猎物时,就会靠吃腐肉来生存。与其说它们有灵活的身手,不如说它们懂得变通。

以为体形小的恐龙只能靠速度取胜,这才是你们落败的原因。

小S真厉害,想不到你考虑了这么多!

呃……

美颌龙百科

美颌龙曾是世界上最小的恐龙

美颌龙的体长约1米，体重0.8千克~3.5千克，和一只火鸡的大小差不多，属于体形较小的兽脚亚目恐龙。它曾被认为是最小的恐龙，直到20世纪90年代以后在亚洲发现了更小的恐龙标本，如小驰龙和赫氏近鸟龙等。据推测，小驰龙的体长约39厘米，体重约162克；而赫氏近鸟龙的体长约34厘米，体重约110克。两者相较于美颌龙，显然体形更小。

美颌龙和始祖鸟是"亲戚"？

美颌龙和始祖鸟因体形、大小及比例等十分相似，加之两者都在同一个地层被发现，因此许多古生物学家认为它们有近亲关系。在那之后，同属美颌龙科的中华龙鸟、中华丽羽龙等恐龙的化石上都搜寻到羽毛的痕迹，也间接证实美颌龙和始祖鸟有密切的关系。有学者甚至认为始祖鸟是恐龙演化成鸟类的过渡物种，这意味着鸟类很有可能起源于恐龙。

蜥蜴是美颌龙的食物之一

恐龙的食性大致分为草食、肉食和杂食。由于恐龙时代过于久远，因此古生物学家只能从恐龙的身体结构、化石中的"最后一餐"等来判断其食性。古生物学家曾在两个美颌龙的化石标本内发现了小型脊椎动物的遗骸——其中一个遗骸后来被证实是巴伐利亚蜥，并且从中推敲出美颌龙是肉食性动物。虽然美颌龙的身躯小，但十分凶悍，能够一口吞下一只蜥蜴。

猎豹百科

猎豹的叫声像猫咪？

虽然猎豹的外表看起来十分勇猛，但它的声音却宛若软绵的猫叫声，毫无气势。这是因为猎豹的舌骨硬，使得它只能发出尖细的声音或咕噜的低鸣声。而老虎、狮子等猫科动物则因为舌骨的部位被韧带取代，发声通道的拉伸空间大了，所以能发出低沉又响亮的吼叫声。值得一提的是，猎豹虽然名字中有"豹"字，但在生物学上被归类为猫亚科，而虎、狮等则被归类为豹亚科。

猎豹的尾巴是"方向盘"

众所周知，猎豹被公认为陆地上跑得最快的哺乳动物。它从起跑到加速至时速100千米，只需花费短短的3.4秒，可谓是爆发力极强的动物。而猎豹之所以能有这般出色的速度，得归功于其柔韧的脊椎、抓地力强的爪子，以及帮助保持平衡的尾巴。猎豹的尾巴就好比一个方向盘，当它们在追捕猎物的过程中需要急转弯或变换方向时，可通过来回摆动尾巴保持平衡，稳定身体。

世界上跑得最快的猎豹

猎豹以极致的速度而闻名，那你知道跑得最快的猎豹叫什么名字吗？2012年，在美国俄亥俄州的辛辛那提动物园里，一只名为莎拉的猎豹创下了一百米5.95秒的佳绩，成为人工饲养猎豹最快纪录保持者。据说，有观察过的野生猎豹曾以5.13秒的时间跑完百米，真是名副其实的速度机器。

第五章

风神翼龙 VS 雕鸮

大勇！今天我来挑战你！

哈哈哈！放马过来吧！

男生就是这样，爱比较这种无聊的事情。

对呀！对呀！

喂！大勇，你觉得艾美丽和柔柔，谁比较聪明呢？

那就要问问她们了。

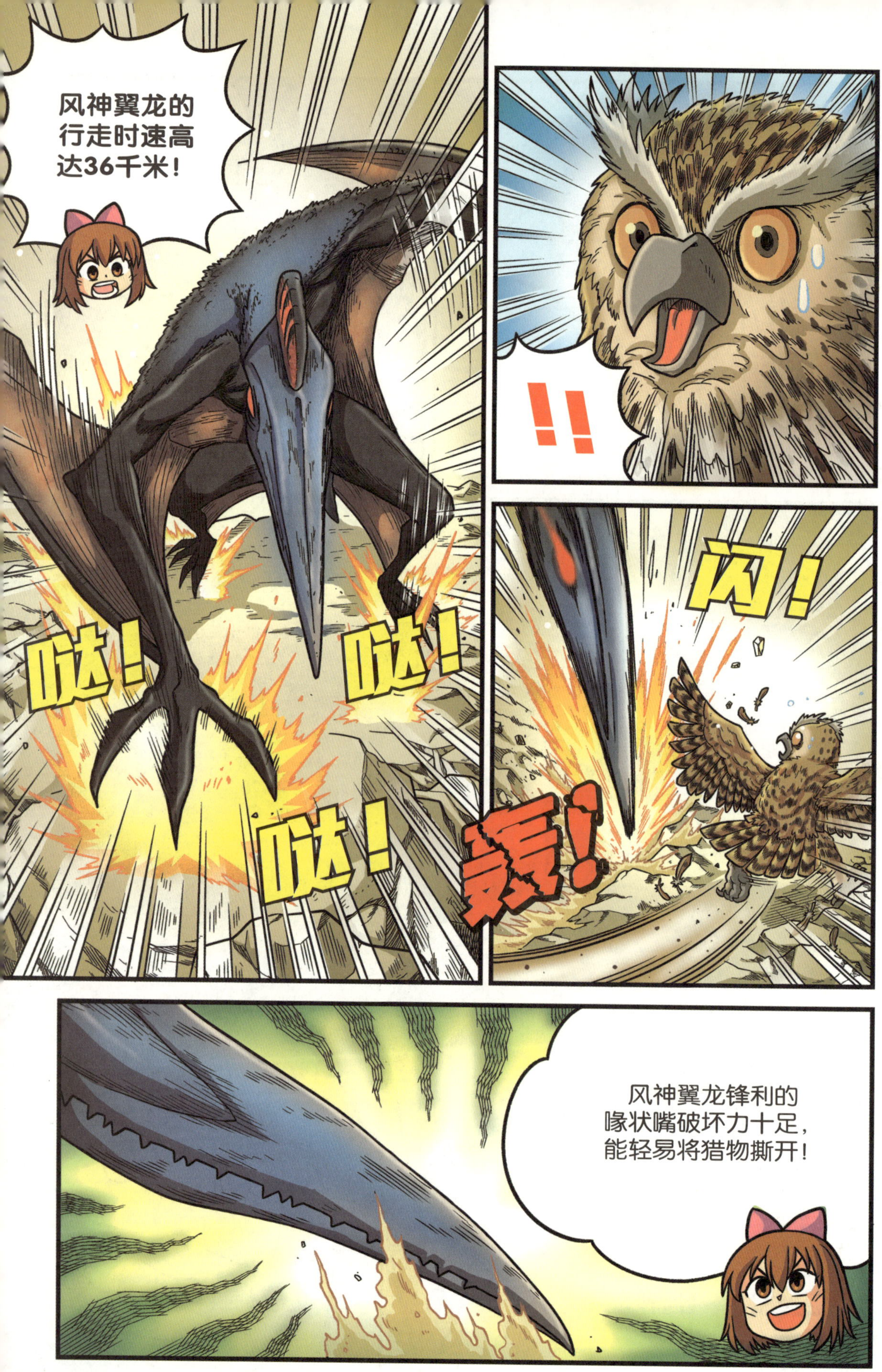

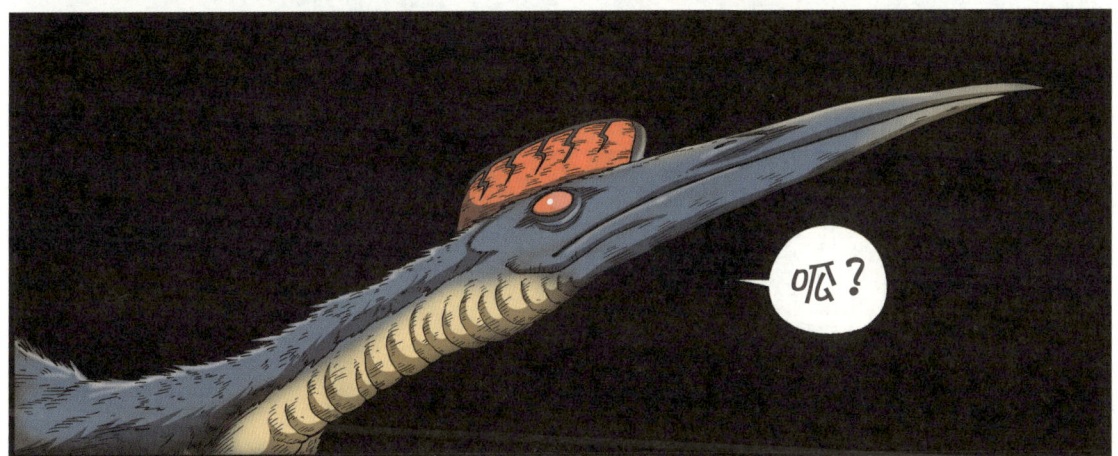

风神翼龙的翅膀被严重破坏了!

风神翼龙百科

史上最大的飞行生物

翼展超过10米的风神翼龙,是目前已知最大的飞行生物。第一个风神翼龙的化石于1971年被发现,其属名Quetzalcoatlus源自阿兹特克文明里的羽蛇神。风神翼龙生存于距今7000万年前至6600万年前的北美洲,虽然跟恐龙生活在同一时期,但它其实是一种会飞行的爬行动物。除了体形巨大外,其特征还有尖长的喙状嘴、粗长的颈项和无尾等。

风神翼龙真的能够飞起来吗?

古生物学家推断风神翼龙的体重可达250千克,已超过了理论上生物飞行的体重上限,因此一度被认为是无法飞行的。不过这个说法已被推翻,因为风神翼龙连接着飞行肌肉的胸骨很大,且前肢强壮有力,十分有利于飞行,甚至能以120千米的时速长途飞行。其起飞方式非常特别,后腿会先下蹲蓄力,然后蹬腿让身体跃上空中,把前肢往地上一撑,借力让全身腾空,再拍打翅膀开始飞行,并运用气流在空中滑翔。

下蹲蓄力

前肢借力让全身腾空

拍打翅膀开始飞行

独特的行走方式

比起飞行,风神翼龙更多是在陆地上生活和觅食。在陆地上时,风神翼龙站立的高度约为5米,几乎跟现代的长颈鹿同高。风神翼龙主要靠两条后腿行走,但因前肢的骨骼过长,使得风神翼龙收起翅膀后,前肢难免会接触到地面。故而在行走时,风神翼龙会先抬起前肢,同一边的后腿才能大幅向前迈一步。据说风神翼龙的步伐很大,最高行走时速能达到36千米。

雕鸮百科

最大的猫头鹰

所谓"鸮"（xiāo），指的就是猫头鹰，而雕鸮是所有猫头鹰中最大的一种，体长可达75厘米，翼展约1.8米。除了北极圈和东南亚的热带雨林外，雕鸮几乎遍布整个欧亚大陆，适应能力极强。其羽毛以棕黄色为主，并伴有褐色的细纹，在山林间有很好的隐身效果，头顶上有一对形似耳朵的耳羽，但功能不明。此外，雕鸮在中国也被称为"恨狐"，这源自其叫声的发音与"恨狐"相似。

无声的暗杀者

作为夜行性动物，雕鸮主要在傍晚至清晨之间觅食，食物以各种鼠类为主，也会猎食中小型的鸟类、爬行类和两栖类等动物。觅食时，雕鸮喜欢待在视野开阔的高处，通过视觉和听觉来寻找猎物，当发现目标后，就会悄无声息地接近猎物，并将其一把抓住。雕鸮之所以能无声飞行，是因为其翅膀上的羽毛边缘呈梳齿状，能大大降低翅膀拍动的声音，使猎物难以察觉。

雕鸮爱呕吐？

雕鸮有着吐"毛球"的习惯，尤其是在进食的数小时后。这是因为雕鸮在进食时，会将整只猎物吞下，即便不是整体吞食，也可能吃下皮毛和骨头。这些消化系统无法处理的东西会在胃里挤压成圆球状后被雕鸮吐出，形成"食丸"。除了雕鸮，其他的猫头鹰和许多鸟类也会吐食丸，生物学家会通过这些食丸来了解它们的食性、数量和分布等情况。

第六章

沧龙 VS 虎鲸

虎鲸是世界上分布最广的哺乳动物之一,也是一种非常聪明的掠食动物。

它们不但能发出声音与同伴沟通,而且有时还会采用团体的方式猎食。

它们性情凶猛,是海洋中的顶级掠食者。

就连鲨鱼也是它们的猎食对象之一。

哦,这就是海洋最强?

小宇,走吧!胜负已分……

阿宝,玩得不错!

可恶!下次我一定不会再输给你!你等着瞧!

沧龙 VS 虎鲸 • 完

沧龙百科

白垩纪时期的海洋霸主——沧龙

沧龙生活在白垩纪晚期,是当时海洋中最大的顶级掠食者,体长可达15米以上,重量超过10吨。在外形上,沧龙拥有巨大且强壮的头部和颚部、尖锐又弯曲的圆锥形牙齿、鳍状的四肢,以及达到一半体长的尾巴。虽然沧龙跟恐龙一样有着庞大的身躯,但实际上它并不是恐龙,而是水生爬行动物。

沧龙的祖先是蜥蜴

沧龙的祖先是一种生存于9500万年前、体长约1米的小型蜥蜴——崖蜥。崖蜥为了躲避被恐龙掠食,于是逃进海洋里生活,经过数百万年的时间,演化成了一种半水生的小型蜥蜴——达拉斯蜥蜴。这种蜥蜴是崖蜥演化成沧龙的过渡物种,它的尾巴已具有适合游泳的特征,但四肢还没演化成鳍状肢。直至约600万年后,达拉斯蜥蜴才逐渐演化成具有鳍状肢的沧龙。

在海中游动自如的沧龙

虽然沧龙的体形庞大,但它在海里的最高时速却可达约48千米,这得益于它的身体构造。沧龙由崖蜥演化而成,继承了崖蜥细长的身躯,加上体表布满光滑且细密的鳞片,大大减少了它在水里游动的阻力。此外,它还拥有鳍状的四肢和一条肌肉发达的尾巴(尾鳍为竖桨状),前者用于控制前进的方向,后者则是借助左右摇动来提供身体前进的动力。

虎鲸百科

虎鲸其实是海豚？

虎鲸又被称为逆戟鲸、杀人鲸，虽然名字带有"鲸"字，但它却是海豚的一种。这跟动物学家对鲸鱼的分类有关，在鲸鱼所属的鲸下目中，根据牙齿的不同，鲸鱼被划分为齿鲸（有齿）和须鲸（无齿）两小目，而有齿的虎鲸自然就被归为齿鲸小目。在齿鲸小目中，虎鲸又被归类到海豚科。因此，虎鲸实际上是一种海豚，而且还是海豚科中体形最大的物种。

虎鲸在水里如何保持体温不变？

虎鲸之所以能在水里保持体温不变，除了它皮下的脂肪层，也得益于它的"逆流热交换系统"。在虎鲸的胸鳍、背鳍和尾鳍上，都存在着由动脉和静脉组成的血管网。由于动脉和静脉的位置相近，当它们在往不同的方向输送血液时，离开虎鲸心脏的温血（动脉血）就会加温同时从鳍部返回的冷血（静脉血）。这意味着热能会源源不断地在虎鲸体内循环，使其保持体温不变，而不会通过虎鲸的鳍部散失到水中。

虎鲸的哺乳方式

雌虎鲸的乳头隐藏在腹部的两道乳腺裂之中，并不像一般哺乳动物一样暴露在体外。在哺乳时，幼鲸会把吻部埋进雌虎鲸的乳腺裂之中，并将舌头卷成"U"形以包着雌虎鲸的乳头。此时，雌虎鲸就会通过收缩和舒张肌肉的方式，将乳汁喷射进幼鲸的嘴里。值得一提的是，雌虎鲸的乳汁密度和黏稠度较高，因此不易于被海水稀释。

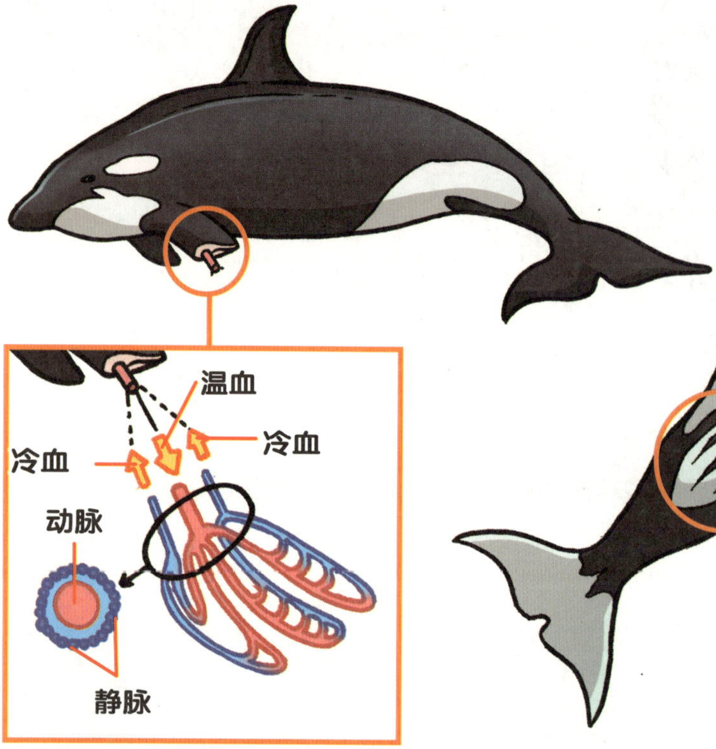

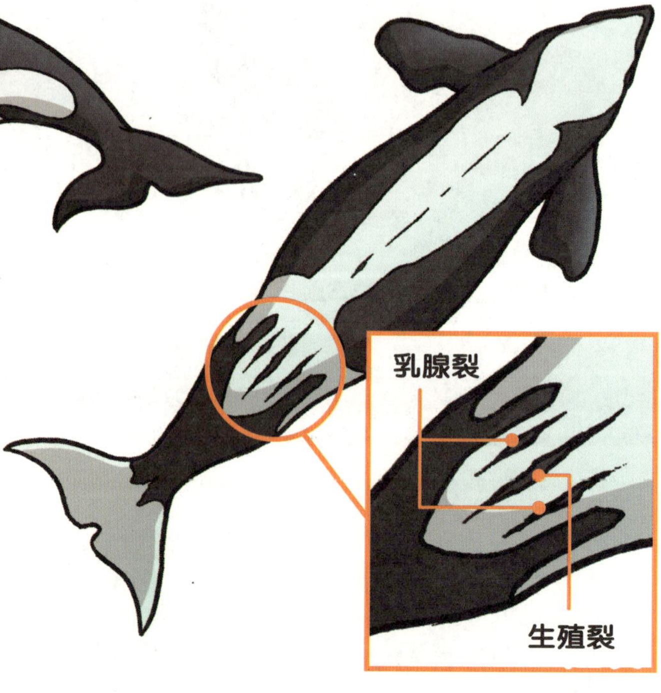

第七章
肿头龙 VS 鳞角腹足蜗牛

好久都没有这么悠闲了对吧？达尔文博士……

对呀……

达尔文博士，最强是什么？是最强的攻击，还是最强的防守？

非常惭愧，老夫也在寻找这个答案……

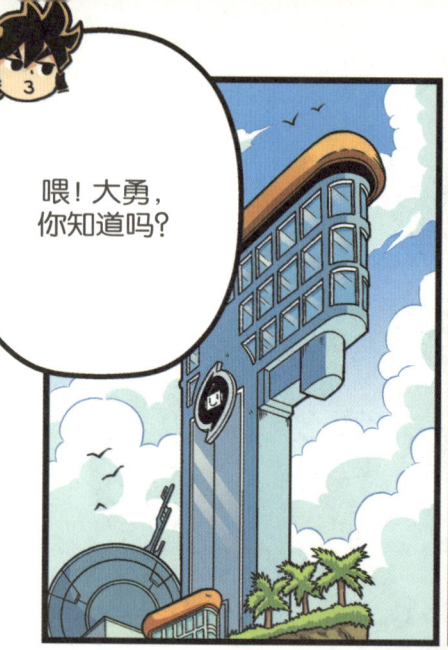

肿头龙百科

头骨最厚的恐龙

肿头龙亦称厚头龙，生存于白垩纪晚期，为鸟脚类恐龙，最大特征是它那厚重的头颅。最初发现肿头龙的头骨化石碎片时，古生物学家一度以为是某种恐龙的膝盖骨。据悉，肿头龙的头骨可达到25厘米的厚度，约是人类的30倍，整体显得十分厚重。另外，它们的头部边缘与脸颊部位还长有骨质尖刺，面目恐怖。

维持平衡的秘诀

肿头龙的体长为4米~6米，前肢短而后肢长，属于两足行走的恐龙，再加上厚重的头骨，总让人有一种容易失衡的错觉。据推测，它们拥有一条沉重的大尾巴，遇到敌人时能充当武器，还有助于稳定身躯。另外，肿头龙的颈椎骨紧密地连在一起，被肌肉包裹着，形成结实且粗短的脖子，让它们得以承受头部的重量，同时还能保持整体的平衡。

化石碎片

颅顶是战斗武器？

古生物学家曾对肿头龙的头骨化石进行断层扫描，发现有许多损伤痕迹集中在颅顶最厚的区域，故推断它们会以头顶作为御敌的工具。不过近年来，这个说法遭到了驳斥。根据最新的研究，肿头龙的头骨中含有大量的血管与软骨组织，无法直接承受正面冲击的巨大压力。因此它们在面对敌人时，也许是和长颈鹿一样，利用头侧或颈部撞击对方。

鳞角腹足蜗牛百科

生活在深海的濒危物种

2001年，鳞角腹足蜗牛首次被发现于印度洋的深海热液喷口区。照理说，生长在不受打扰的深海应该是安全的，奈何人类却发现热液口会不断喷出深藏在地底的矿物，并为此进行采矿活动。无节制的采矿严重影响了热液喷口区的生态。国际自然保护联盟认为该现象已对鳞角腹足蜗牛构成了威胁，遂将其列入濒危物种的名单。

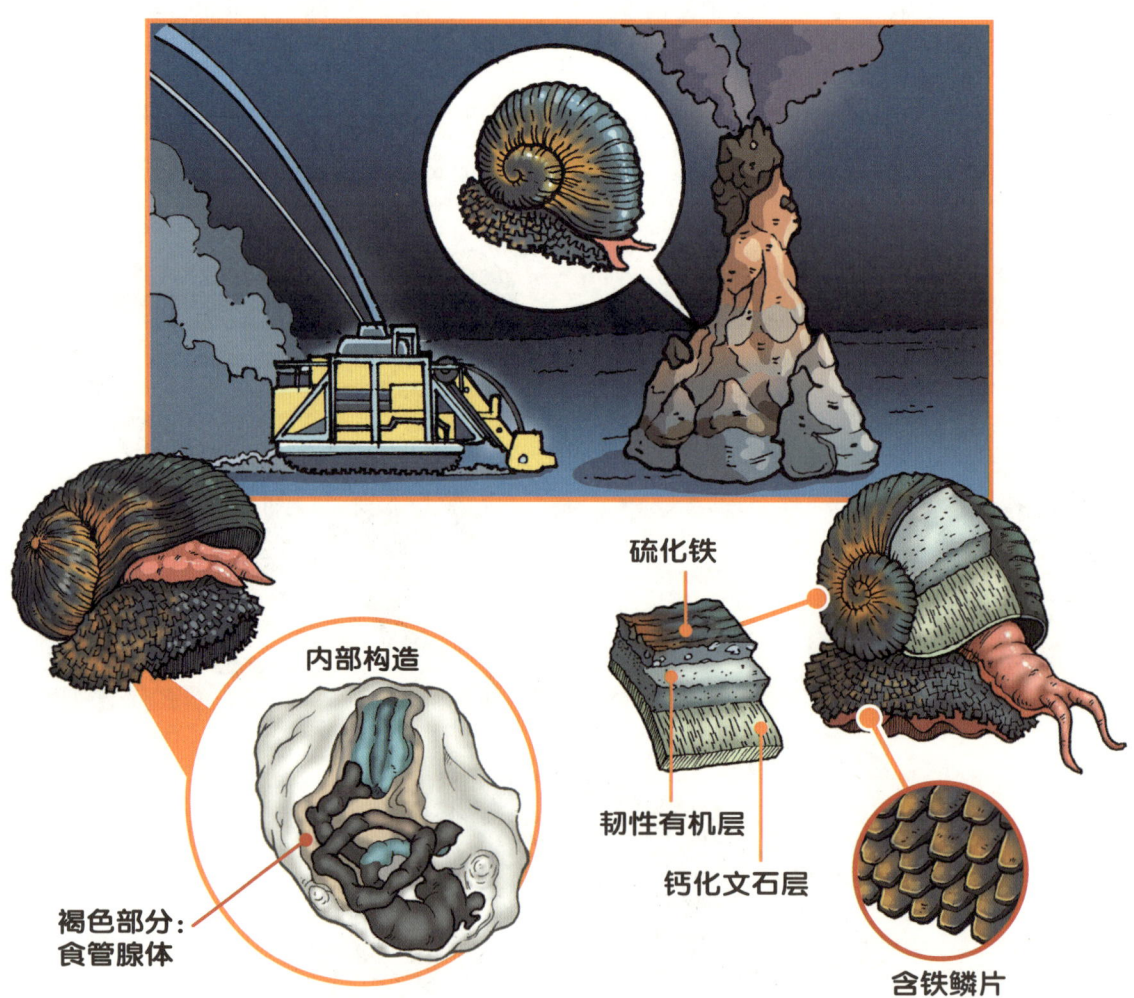

内部构造

褐色部分：食管腺体

硫化铁
韧性有机层
钙化文石层
含铁鳞片

唯一的食物——细菌？

鳞角腹足蜗牛的生理构造与陆生蜗牛有所不同，因此生物学家认为称它为海螺或鳞足螺更恰当。研究发现其嘴巴很小，且齿舌与消化系统已高度退化，加上没有上下颌与唾液腺，因此不具备进食功能。不过，鳞角腹足蜗牛拥有较大的食管腺体（占其体重的9%），比一般蜗牛的腺体大上1000倍，里面还生存着数以万计的共生性变形菌。而这些细菌会与周遭的硫化氢进行化学结合以获取能量，让宿主无须觅食。

毫无死角的铁甲装备

鳞角腹足蜗牛是目前已知世界上唯一演化出硫化铁螺壳的生物，其螺壳一般呈漆黑色，可分为三层。表层由硫化铁组成，自带磁性可不断吸引周围的含铁物质，经过长时间累积叠加后，会变得越来越厚实，并能有效抵御外界的攻击。中间层是有韧性的有机层，必要时能发挥缓冲的作用。内层则是钙化的文石层，因靠近皮肤而相对柔软。此外，其腹足上还覆盖着无数的含铁鳞片，与生俱来的防御技能让敌人无从下手。

第八章

泰坦蟒 VS 斗鸡

没想到，鸡的"武功"那么高强。

鸡……鸡……

它不是普通的公鸡！而是会激烈啄咬对方的"斗鸡"！

等等！这味道是……

史前最可怕的巨兽——泰坦蟒！仿佛来自地狱的魔鬼……

泰坦蟒
体长：约15米
体重：约1.1吨
栖息地：热带雨林、沼泽等

别担心，这次的胜算反而更高！

？

只要把斗鸡的比例放大，实现巨大化，泰坦蟒也变蚯蚓了！

阿宝你很狡猾，但是为了炸鸡，我认同你。

轰！轰！轰！

可恶！防守很严密！

泰坦蟒开始熟悉斗鸡的动作，加上地形变小……这样下去斗鸡必定会输！

哇！差一点儿！好险啊！

碰！

斗鸡！给我振作起来！

泰坦蟒 VS 斗鸡 · 完

泰坦蟒百科

目前已知世界最大的蛇类

泰坦蟒生活在6000万年前至5800万年前的古新世，是一种已绝灭的蛇类。它的脊椎化石是在哥伦比亚北部的塞雷洪煤矿被发现的，根据古生物学家的研究，成年的泰坦蟒体长约15米、体重约1.1吨、身体厚度约1米，远远超越了非洲巨蟒的体形，成为目前已知最大的蛇亚目成员。有研究指出，它的体形之所以如此巨大，主要是与当时周遭的环境温度有关。

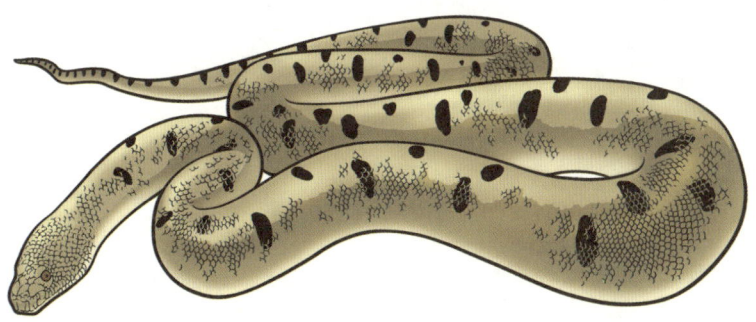

喜欢沼泽和河流的泰坦蟒

泰坦蟒体形巨大，虽然能在陆地上滑行，但行动并不敏捷，故而它们一般都喜欢待在沼泽或者河流中。据研究，泰坦蟒可以在水里屏住呼吸约45分钟，它们会潜伏在水底或利用树叶及其他植被来隐藏自己，再对毫无防备的猎物发动袭击。

泰坦蟒的主食之一——鳄鱼

古生物学家曾在发现泰坦蟒化石的地点找到史前巨鳄的化石，并且推测泰坦蟒会攻击及捕食史前巨鳄。泰坦蟒被认为是无毒的，它是利用巨大的身体缠绕着猎物，使猎物窒息或血液无法流通而亡。一些大型乌龟、肺鱼等同样是泰坦蟒的食物。尽管史前许多动物的体形都很大，但仍然难以打败泰坦蟒，因此泰坦蟒可谓是当时食物链顶端的动物之一。

斗鸡百科

斗鸡比赛的起源

世界各地都有斗鸡的娱乐传统,一般认为斗鸡比赛始于亚洲,在中国、印度等国家十分流行,并且在约公元前5世纪传入古希腊。据闻,关于斗鸡最早的文字记载可追溯至中国春秋时期的《左传》,在鲁昭公二十五年,季平子与郈昭伯展开了一场斗鸡比赛,一方为斗鸡戴上了金属锐器,另一方则为斗鸡涂了芥末。之后,《列子》《全唐诗》等文献均有提及斗鸡比赛。由此可见,斗鸡比赛是一项拥有悠久历史的娱乐活动。

引起争议的斗鸡比赛

在一些斗鸡比赛中,人们会在公鸡的脚爪上装上金属武器,如刀片或马刺等,再让它们厮杀,造成非死即伤的结果。动物保护协会认为这种斗鸡比赛过于暴力血腥,甚至涉嫌虐待动物;加之,斗鸡比赛经常与非法赌博等挂钩,因而遭到许多国家的严厉抵制,如哥斯达黎加、阿根廷和巴西等都将斗鸡比赛列为非法活动之一。当然,有些地方至今依然保留着这项民间传统活动。

斗鸡也要做日常训练

斗鸡有着天生的战斗本能,但若想让它们在比赛中崭露头角,还需要对它们进行调教和培养。例如,为斗鸡准备高能量和高蛋白的饲料;每日让它们进行飞腾、跳跃、搏斗等锻炼;定期观察斗鸡的排泄物以确保它们健康成长等。

01 三角龙在遇到威胁时，一般会怎么做？
A 用额角正面抗敌
B 呼唤同伴一起抗敌
C 逃跑

02 异特龙头上的角冠具有什么功能？
A 加强头骨坚硬度，避免搏斗时头骨破裂
B 吸引雌性异特龙的注意，是一种用于求偶的展示物
C 为双眼遮挡阳光、用于展示或者用作武器与其他异特龙搏斗

03 非洲象的鼻子大约有多少块肌肉组织？
A 六万
B 五万
C 四万

04 腕龙的鼻孔在哪里？
A 头部前方
B 头部顶端
C 头部后方

05 猎豹的尾巴有什么作用？
A 保持平衡
B 帮助加速
C 探测危险

06 风神翼龙是飞行好手的依据有哪些?
I 连接着飞行肌肉的胸骨很大
II 体重很轻
III 前肢强壮有力
A I和II　　B I和III
C I、II和III

07 为什么雕鸮能无声飞行?
A 翅膀上的羽毛边缘呈梳齿状
B 飞行时不会拍动翅膀
C 飞行速度极慢

08 _____是崖蜥演化成沧龙的过渡物种。
A 达拉斯蜥蜴
B 科莫多巨蜥
C 巨型环尾蜥

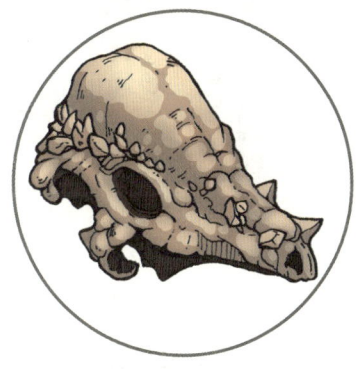

09 肿头龙的头骨化石碎片曾被错认为哪个部位的骨头?
A 下颌
B 膝盖
C 髋部

10 泰坦蟒一般喜欢待在什么地方?
A 树上
B 沼泽或河流
C 沙地

147

答案揭晓

01 C 02 C 03 C
04 B 05 A 06 B
07 A 08 A 09 B
10 B

全答对者
不错不错!
跟我不相上下!

答对10至11题者
悄悄告诉你,
其实我比博士聪明!

答对8至9题者
要像我一样活用知识,
才不会变书呆子哦!

答对6至7题者
下一次的练习题,
我的分数一定比你高!

答对4至5题者
看来我要恶补了!
有谁要一起去图书馆吗?

答对0至3题者
呃……
大家一起加油吧!

图书在版编目（CIP）数据

超有趣的动物之最. 穿越时空的对决 / 马来西亚 X 探险特工故事团著；马来西亚热血同盟绘. -- 北京：石油工业出版社, 2024. 11. -- ISBN 978-7-5183-7057-3

Ⅰ. Q95-49

中国国家版本馆 CIP 数据核字第 20242VR916 号

© 2022 KADOKAWA GEMPAK STARZ
All rights reserved.
Original Chinese edition published in Malaysia in 2022 by Kadokawa Gempak Starz Sdn. Bhd., Malaysia.
Chinese (simplified) translation rights in China arranged with Kadokawa Gempak Starz Sdn. Bhd., Malaysia through Chengdu Xiye Culture Technology Co., Ltd.
有关本著作所有权利归属于马来西亚角川平方有限公司 (Kadokawa Gempak Starz Sdn Bhd)
本著作简体中文版由角川平方有限公司通过成都喜也文化科技有限公司，授权石油工业出版社有限公司在中国大陆地区独家出版发行。
北京市版权局著作权合同登记号：01-2024-3773

超有趣的动物之最——穿越时空的对决

马来西亚 X 探险特工故事团 / 著　　马来西亚热血同盟 / 绘

出版发行：石油工业出版社
　　　　　（北京安定门外安华里 2 区 1 号楼 100011）
网　　址：www.petropub.com
编 辑 部：（010）64523689
图书营销中心：（010）64523633
经　　销：全国新华书店
印　　刷：三河市兴国印务有限公司

2024 年 11 月第 1 版　2024 年 11 月第 1 次印刷
787 毫米 ×1092 毫米　开本：1/16　印张：9.75
字数：80 千字

定价：58.00 元
（如出现印装质量问题，我社图书营销中心负责调换）
版权所有，翻印必究